AF475135

MARCHÉ DE CHALONS-SUR-MARNE.

2.

Le Cours paraît tous les Samedis des mois de Mai, Juin et Juillet seulement.

Toute demande de souscription devra être accompagnée d'un mandat de cinq francs sur la poste.

COURS DU PRIX DES LAINES,

On s'abonne à Châlons-sur-Marne, Chez Mr B. DUPONT, rue Grande-Etape, 20.

Les réclamations et les changements d'adresse devront être affranchis.

Du Samedi 12 *Mai* 1849.

La quantité de laine nouvelle exposée au marché de ce jour, tant sur la place que dans les greniers environnants, a été de 2000 kilos, qui s'est enlevée aux prix suivants :

			f	c		f	c	
LAINE FINE		Le kilo.	»	»	à	»	»	Avec don de 3 à 4 p. %
LAINE ORDINAIRE (2000 k. Agneaux compris)		*idem.*	4	80	à	5	10	
LAINE COMMUNE		*idem.*	»	»	à	»	»	
SUINT	Mérinos valent	*idem.*	»	»	à	»	»	
	Métis	*idem.*	»	»	à	»	»	
AGNEAUX	Fins	*idem.*	»	»	à	»	»	
	Communs	*idem.*	»	»	à	»	»	

RÉCIT.— Le beau temps des premiers jours du mois n'ayant pas continué, nous n'avons eu sur notre marché que de faibles quantités. Ces laines, propres au peigne, étaient de bonne qualité, douces, fortes et nerveuses, mais laissaient quelque chose à désirer, tant pour la propreté que pour la légèreté.

Les laines peignées et filées se vendent toujours facilement à des prix soutenus.

Il y avait beaucoup de peigneurs pour acheter, et de curieux pour se renseigner sur les cours que devra suivre la laine cette année.

Les affaires en général sont calmes et se ressentent des préoccupations du moment. On parle plus d'élection que de transactions commerciales.

DUPONT.

Châlons, imprimerie de T. Martin.

TABLEAU COMPARATIF

des quantités de Laines entrées dans les Fabriques de France.

PENDANT LE MOIS DE MARS DES ANNÉES			PENDANT LES TROIS 1ers MOIS DES ANNÉES		
1849.	1848.	1847.	1849.	1848.	1847.
12,167 kilos.	4,442 kilos.	9,619 kilos.	32,233 kilos.	19,875 kilos.	33,814 kilos.

Quantités de Laines

Existant dans les Entrepôts de France à la fin de mars 1849, comparées avec celles qui restaient à la même époque des deux années précédentes.

	1849.	1848.	1847.
MARSEILLE	13,904 kil.	20,732 kil.	20,576 kil.
BAYONNE	673	1,503	1,304
BORDEAUX	426	383	311
NANTES	66	196	36
ROUEN	2,366	3,483	1,906
LE HAVRE	2,502	1,293	842
DUNKERQUE	67	75	1,103
PARIS	836	1,921	1,145
LYON	»	7	»
Autres entrepôts	6,368	16,272	5,385
TOTAUX	27,208	45,869	32,606

D'après les différences que présentent les tableaux ci-dessus, il serait entré plus de laines en France pendant le mois de mars 1849, que pendant le même mois des années précédentes.

Les restants en entrepôts pour le deuxième trimestre 1849 étant aussi bien inférieurs à ceux de 1847 et 1848, il en est entré davantage, et il en reste moins; or, c'est que l'emploi a été plus grand cette année-ci que les précédentes.

MARCHÉ DE CHALONS-SUR-MARNE.

N° 3.

Le Cours paraît tous les Samedis des mois de Mai, Juin et Juillet seulement.

Toute demande de souscription devra être accompagnée d'un mandat de cinq francs sur la poste.

COURS DU PRIX DES LAINES,

Du Samedi 19 *Mai* 1849.

On s'abonne à Châlons-sur-Marne,

Chez Mr B. DUPONT, rue Grande-Etape, 20.

Les réclamations et les changements d'adresse devront être affranchis.

La quantité de laine nouvelle exposée au marché de ce jour, tant sur la place que dans les greniers environnants, a été de 5000 kilos, qui s'est enlevée aux prix suivants :

LAINE FINE (200 k.)		Le kilo.	»f	»c	à	5f	60c	Avec don de 3 p. %
LAINE ORDINAIRE (4500 k. Agneaux compris)		*idem.*	5	00	à	5	10	
LAINE COMMUNE		*idem.*	»	»	à	»	»	
SUINT	Mérinos.......valent	*idem.*	»	»	à	»	»	
	Métis de Brie	*idem.*	1	60	à	1	80	
AGNEAUX	Fins	*idem.*	»	»	à	4	»	
	Communs	*idem.*	»	»	à	3	50	

RÉCIT. — La continuation du froid et de la pluie empêche que notre marché soit approvisionné comme il devrait l'être à cette époque. La petite quantité de laine présentée à la vente était de bonne qualité, mais se ressentant de l'humidité qui règne; les acheteurs, en grand nombre, étaient de Reims, Rethel, Suippes et autres lieux de fabrique.

La tonte est commencée dans plusieurs contrées; dans le midi, elle est déjà bien avancée, et les laines mises en vente se sont élevées à 25 pour cent d'augmentation sur le prix de l'an dernier. Tous les propriétaires qui ne sont pas forcés de réaliser de suite veulent attendre que le résultat des élections soit connu avant de vendre; si les élections sont faites de manière à assurer la confiance, elles donneront un nouvel élan aux affaires.

Les laines peignées et filées soutiennent toujours leurs prix avec apparence de hausse.

B. DUPONT.

Châlons, imprimerie de T. Martin.

ÉTAT
des Productions de Laines en France,
par département.

AIN	105,000 kilos.
AISNE	1,200,000
ALLIER	500,000
ALPES (Basses)	530,000
ALPES (Hautes)	340,000
ARDÈCHE	385,000
ARDENNES	560,000
ARIÈGE	380,000
AUBE	170,000
AUDE	1,445,000
AVEYRON	850,000
BOUCHES-DU-RHONE	600,000
CALVADOS	300,000
CANTAL	425,000
CHARENTE	415,000
CHARENTE-INFÉRIEURE	380,000
CHER	835,000
CORRÈZE	480,000
CORSE	105,000
COTE-D'OR	500,000
COTES-DU-NORD	190,000
CREUSE	710,000
DORDOGNE	665,000
DOUBS	85,000
DROME	965,000
EURE	512,000
EURE-ET-LOIRE	1,000,000
FINISTÈRE	100,000
GARD	700,000
GARONNE (Haute)	550,000
GERS	305,000
GIRONDE	440,000
HÉRAULT	1,000,000
ILLE-ET-VILAINE	190,000
INDRE	915,000
INDRE-ET-LOIRE	290,000
ISÈRE	270,000
JURA	85,000
LANDES	465,000
LOIR-ET-CHER	665,000
LOIRE	190,000
LOIRE (Haute)	340,000
LOIRE-INFÉRIEURE	335,000
TOTAL	21,492,000

MARCHÉ DE CHALONS-SUR-MARNE.

N° 4.

Le Cours paraît tous les Samedis des mois de Mai, Juin et Juillet seulement.

Toute demande de souscription devra être accompagnée d'un mandat de cinq francs sur la poste.

COURS DU PRIX DES LAINES,

On s'abonne à Châlons-sur-Marne,

Chez Mr B. DUPONT, rue Grande-Etape, 20.

Les réclamations et les changements d'adresse devront être affranchis.

Du Samedi 26 *Mai* 1849.

La quantité de laine exposée au marché de ce jour, tant sur la place que dans les greniers environnants, a été de 10,000 kilos, qui s'est enlevée lentement aux prix suivants :

LAINE FINE		Le kilo.	5f	30c	à 5f	80c		Avec don de 3 p. %
LAINE ORDINAIRE (Agneaux compris)		*idem.*	5	60	à 5	10		
LAINE COMMUNE		*idem.*	4	»	à 4	50		
SUINT	Mérinos.......valent	*idem.*	»	»	à »	»		
	Métis de Brie	*idem.*	1	60	à 1	80		
AGNEAUX	Fins	*idem.*	»	»	à 4	»		
	Communs	*idem.*	»	»	à 3	50		

RÉCIT. — Les laines qui formaient l'approvisionnement du marché n'étaient pas d'un conditionnement irréprochable : sauf quelques lots assez bien traités, la plupart étaient chargés d'humidité, d'ordures et de suint,

La vente a été lente, malgré l'affluence des acheteurs de tous les pays de fabrique. Si d'un côté les fabricants sont peu pourvus en ce moment et attendent avec impatience les produits de la nouvelle tonte, pour ne pas laisser chômer leurs ouvriers; d'un autre côté, on remarque que beaucoup de propriétaires, se contentant du prix actuel des laines, s'empressent d'amener sur le marché et de réaliser, sans s'inquiéter s'ils ne feraient pas mieux d'attendre.

Les avis de l'intérieur sont que les cours se soutiennent malgré la préoccupation des affaires politiques.

Les nouvelles de l'extérieur sont favorables à l'article, et les arrivages sont si faibles que les entrepôts, loin de se remplir, sont réduits à de très-faibles existences.

B. DUPONT.

Châlons, imprimerie de T. Martin.

ÉTAT

des Productions de Laines en France,

par département.

Report du N° précédent.	21,492,000 kilos.
LOIRET	540,000
LOT	485,000
LOT-ET-GARONNE	220,000
LOZÈRE	720,000
MAINE-ET-LOIRE	315,000
MANCHE	400,000
MARNE	600,000
MARNE (Haute)	235,000
MAYENNE	175,000
MEURTHE	185,000
MEUSE	215,000
MORBIHAN	300,000
MOSELLE	185,000
NIÈVRE	285,000
NORD	760,000
OISE	900,000
ORNE	455,000
PAS-DE-CALAIS	660,000
PUY-DE-DOME	900,000
PYRÉNÉES (Hautes)	385,000
PYRÉNÉES (Basses)	485,000
PYRÉNÉES-ORIENTA[les]	650,000
RHIN (Haut)	185,000
RHIN (Bas)	85,000
RHONE	105,000
SAONE (Haute)	122,000
SAONE-ET-LOIRE	372,000
SARTHE	123,000
SEINE	68,000
SEINE-ET-MARNE	1,200,000
SEINE-ET-OISE	1,000,000
SEINE-INFÉRIEURE	650,000
SÈVRES (Deux)	430,000
SOMME	800,000
TARN	635,000
TARN-ET-GARONNE	335,000
VAR	575,000
VAUCLUSE	440,000
VENDÉE	365,000
VIENNE	605,000
VIENNE (Haute)	650,000
VOSGES	105,000
YONNE	360,000
TOTAL	40,757,000

MARCHÉ DE CHALONS-SUR-MARNE.

N° 5.

Le Cours paraît tous les Samedis des mois de Mai, Juin et Juillet seulement.

Toute demande de souscription devra être accompagnée d'un mandat de cinq francs sur la poste.

On s'abonne à Châlons-sur-Marne,

Chez Mr B. DUPONT, rue Grande-Etape, 20.

Les réclamations et les changements d'adresse devront être affranchis.

COURS DU PRIX DES LAINES,

Du Samedi 2 Juin 1849.

La quantité de laine exposée au marché de ce jour, tant sur la place que dans les greniers environnants, a été de 20,000 kilos, dont une partie s'est enlevée lentement aux prix suivants :

LAINE FINE		Le kilo.	3f	10c	à	3f	60c	Avec don de 3 p. %
LAINE ORDINAIRE (Agneaux compris)		*idem.*	4	60	à	5	»	
LAINE COMMUNE		*idem.*	3	80	à	4	30	
SUINT	Mérinos valent	*idem.*	»	»	à	»	»	
	Métis de Brie	*idem.*	1	60	à	1	80	
AGNEAUX	Fins	*idem.*	»	»	à	4	»	
	Communs	*idem.*	»	»	à	3	30	

RÉCIT. — Quoique les laines étaient d'un conditionnement meilleur qu'aux marchés précédents, l'hésitation des acheteurs a amené une baisse marquée dans les prix, qu'on peut évaluer de 30 à 40 centimes par kilo sur les laines vendues.

Beaucoup de propriétaires avaient amené leur récolte, encouragés qu'ils étaient par les prix offerts par les marchands qui courent la campagne; mais ils n'ont plus retrouvé l'avantage qu'on leur avait offert. Les uns se sont conformés aux cours, les autres ont ramené la laine chez eux, dans l'espoir d'un meilleur avenir.

Une partie invendue reste pour le marché prochain.

A Paris et dans plusieurs provinces, les laines soutiennent leur prix, ainsi que les filés et les peignés.

B. DUPONT.

Châlons, imprimerie de T. Martin.

QUANTITÉS DE LAINES

Entrées en France pendant le mois d'Avril 1849, comparées avec celles des années précédentes pendant le même mois.

ANNÉES.....	1849.	1848.	1847.
Entrées pendant le mois d'Avril............	13,332 kilos.	1,603 kilos.	6,340 kilos.

QUANTITÉS DE LAINES

Entrées pendant les quatre premiers mois de l'année 1849, comparées avec celles des quatre premiers mois des deux années précédentes.

QUATRE PREMIERS MOIS DES ANNÉES .	1849.	1848.	1847.
	45,765 kilos.	21,481 kilos.	40,153 kilos.

Tableau Comparatif

Des Laines existantes dans les Entrepôts de France, fin d'Avril 1849, avec les deux années précédentes à la même époque.

ANNÉES.........	1849.	1848.	1847.
MARSEILLE..............................	9,272 kilos.	22,115 kilos.	22,234
BAYONNE..............................	674	1,507	1,139
BORDEAUX..............................	538	324	305
NANTES..............................	41	196	36
ROUEN..............................	1,671	4,428	1,190
LE HAVRE..............................	882	2,252	619
DUNKERQUE..............................	244	515	1,134
PARIS..............................	573	2,410	1,129
LYON..............................	»	7	»
Autres entrepôts..............................	5,496	3,124	4,624
TOTAL.....	19,391	36,878	32,410

MARCHÉ DE CHALONS-SUR-MARNE.

N° 6.

Le Cours paraît tous les Samedis des mois de Mai, Juin et Juillet seulement.

Toute demande de souscription devra être accompagnée d'un mandat de cinq francs sur la poste.

COURS
DU
PRIX DES LAINES,

On s'abonne à Châlons-sur-Marne,
Chez Mr B. DUPONT, rue Grande-Etape, 20.

Les réclamations et les changements d'adresse devront être affranchis.

Du Samedi 9 *Juin* 1849.

La quantité de laine exposée au marché de ce jour, tant sur la place que dans les greniers environnants, a été de 40,000 kilos, qui s'est enlevée lentement aux prix suivants :

LAINE FINE (1,200)		Le kilo.	5f	30c	à	5f	40c	Avec don de 3 p. %
LAINE ORDINAIRE (Agneaux compris)		*idem.*	4	40	à	5	10	
LAINE COMMUNE		*idem.*	3	80	à	4	20	
SUINT	Mérinos.......valent	*idem.*	»	»	à	»	»	
	Métis de Brie	*idem.*	1	80	à	2	10	
AGNEAUX	Fins	*idem.*	»	»	à	4	20	
	Communs	*idem.*	»	»	à	3	80	

RÉCIT. — La vente de quelques lots, traitée dès hier, pouvait faire présumer qu'il y aurait faveur dans les prix, au marché d'aujourd'hui ; mais, ce matin, l'empressement de la veille n'a pas continué, et les transactions se sont faites sur les bases établies au marché de samedi dernier, sans variation notable.

Les fabricants seuls ont acheté; les spéculateurs attendent, espérant mieux faire plus tard.

Les beaux lots de propriétaires étaient plus rares que samedi dernier. Les grosses laines, quoique soutenant bien leur prix, n'ont pas une demande bien active.

A Paris les affaires sont fort calmes.

B. DUPONT.

Châlons, imprimerie de T. Martin.

DES DIVERSES SORTES DE LAINES

Dont les Marchés de Châlons-sur-Marne sont approvisionnés, et leur classement selon leur valeur vénale.

Les Laines amenées sur les marchés de Châlons-sur-Marne proviennent non-seulement des environs mais encore de pays éloignés de trente et quarante lieues.

Il paraît si peu de Mérinos et Naz purs, qu'il est inutile d'en parler.

Celles qui occupent le premier rang sont en majeure partie de la Champagne; quelques lots de la Bourgogne et de la Brie. Ces laines, métissées à un haut degré de finesse, réunissent la blancheur à la force, ont les mèches hautes, carrées et tassées; les filaments égaux, soyeux et ondulés : leur ensemble est régulier, à quelques petites exceptions près.

Viennent en seconde ligne, et forment la plus forte masse, les laines de Brie, de Bourgogne, de Champagne et de Lorraine, qui ne diffèrent des précédentes que par le degré de perfectionnement où le métissage est arrivé. Le conditionnement est ausi moins soigné, et l'ensemble toujours moins bien assorti.

Celles de la dernière qualité sont des laines d'un brin grossier, inégal et sans ondulation, souvent rude et jarreux; elles proviennent de la Meuse, de la Haute-Marne, des Vosges, et un peu de tous les pays. Font aussi partie de cette classe d'autres laines qui paraissent fines au premier coup-d'œil, mais qui sont faibles, maigres, terreuses, chargées d'ordures, et ne peuvent, pour bien dire, être employées pour le peigne.

MARCHÉ DE CHALONS-SUR-MARNE.

No 7.

Le Cours paraît tous les Samedis des mois de Mai, Juin et Juillet seulement.

Toute demande de souscription devra être accompagnée d'un mandat de cinq francs sur la poste.

COURS

DU

PRIX DES LAINES,

On s'abonne à Châlons-sur-Marne,

Chez Mr B. DUPONT, rue Grande-Etape, 20.

Les réclamations et les changements d'adresse devront être affranchis.

Du Samedi 16 *Juin* 1849.

La quantité de laine exposée au marché de ce jour, tant sur la place que dans les greniers environnants, a été de 90,000 kilos, qui s'est enlevée lentement aux prix suivants :

LAINE FINE (2,000)		Le kilo.	5f 30c	à	»f	»c	Avec don de 4 p. %
LAINE ORDINAIRE (Agneaux compris)		*idem.*	4 40	à	5	10	
LAINE COMMUNE		*idem.*	3 50	à	4	»	
SUINT	Mérinos.......valent	*idem.*	» »	à	»	»	
	Métis de Brie	*idem.*	1 80	à	2	10	
AGNEAUX	Fins	*idem.*	» »	à	4	25	
	Communs	*idem.*	» »	à	4	»	

RÉCIT. — Dès hier, dans l'après-midi, une immense quantité de laine (qualité intermédiaire), qu'on peut sans exagération évaluer à 75,000 kilos, était déballée dans les magasins. Mais autant la marchandise était abondante, autant les acheteurs étaient rares et paraissaient peu empressés d'acheter : à tel point que la vente du vendredi s'est bornée seulement à deux lots, avec baisse d'environ 15 à 20 c. par kilo. La pluie survenue ce matin ne donnait pas grande activité aux transactions. Cependant, les acheteurs, devenus plus nombreux, ont jugé convenable de commencer à faire une partie de leurs approvisionnements, et vers midi les deux tiers des laines étaient vendus.

Les lots d'élite toujours extrêmement rares ; mais en revanche, beaucoup de belle laine ordinaire.

Les cours, sur notre place, ne se trouvent pas en désaccord avec ceux de Paris.

B. DUPONT.

Châlons, imprimerie de T. Martin.

QUANTITÉS DE LAINES ÉTRANGÈRES

Entrées en France pendant l'année 1848.

JANVIER 1848	806,500 kilos.
FÉVRIER	736,800
MARS	444,200
AVRIL	160,500
MAI	195,100
JUIN	1,066,300
JUILLET	299,400
AOUT	600,000
SEPTEMBRE	1,069,800
OCTOBRE	972,700
NOVEMBRE	900,500
DÉCEMBRE	844,300
	8,096,100 kilos.

MARCHÉ DE CHALONS-SUR-MARNE.

N° 8.

Le Cours paraît tous les Samedis des mois de Mai, Juin et Juillet seulement.

Toute demande de souscription devra être accompagnée d'un mandat de cinq francs sur la poste.

COURS DU PRIX DES LAINES,

On s'abonne à Châlons-sur-Marne,

Chez Mr B. DUPONT, rue Grande-Etape, 20.

Les réclamations et les changements d'adresse devront être affranchis.

Du Samedi 23 *Juin* 1849.

La quantité de laine exposée au marché de ce jour, tant sur la place que dans les greniers environnants, a été de 90,000 kilos, qui s'est enlevée lentement aux prix suivants :

LAINE FINE (2,300 seulement)		Le kilo.	5f	30c	à	»f	»c	Avec don de 4 p. %
LAINE ORDINAIRE (Agneaux compris)		*idem.*	4	40	à	5	10	
LAINE COMMUNE		*idem.*	»	»	à	»	»	
SUINT	Mérinos.......valent	*idem.*	»	»	à	»	»	
	Métis de Brie	*idem.*	1	80	à	2	10	
AGNEAUX	Fins	*idem.*	»	»	à	4	30	
	Communs	*idem.*	»	»	à	4	10	

RÉCIT. — Malgré la grande quantité de laine provenant tant de ce qui restait du marché précédent (17,000 kilogr.), que de ce qui était amené pour celui-ci, la vente a été active. Dès hier, la majeure partie s'est traitée au cours de samedi dernier. Les nombreux achats faits pour de fortes maisons d'Amiens et d'ailleurs, ont rendu les prix fermes, avec tendance à la hausse. Mais ce matin, l'absence des acheteurs, occupés à prendre livraison des laines vendues la veille, rendait le marché moins animé et les prix moins tendus. — Aucune variation notable à signaler.

A midi plusieurs lots restent invendus, entre autres un de laine blanche de 5 à 6,000 kilogr.

Quelques drapées ont obtenu, par exception, le prix de 5 fr. 50 c.

La tonte est entièrement achevée, et on prétend généralement que le rendement est de 20 p. % de plus que l'an dernier.

Les affaires, à Paris, semblent se faire avec moins d'hésitation.

B. DUPONT.

Châlons, imprimerie de T. Martin.

QUANTITÉ MOYENNE DE LAINES

Tirées de divers pays, et importées en France par an.

RUSSIE	266,720 kilos.
PRUSSE	82,775
VILLES ANSÉATIQUES	163,000
HOLLANDE	19,500
BELGIQUE	2,221,100
ANGLETERRE et IRLANDE	670,790
PORTUGAL	68,255
ESPAGNE	3,363,000
AUTRICHE	40,000
ÉTATS SARDES	190,000
NAPLES et SICILE	32,000
TOSCANE et ÉTATS ROMAINS	135,000
SUISSE	125,000
ALLEMAGNE	1,200,000
TURQUIE	1,300,000
ÉTATS BARBARESQUES	2,000,000
ALGER	412,000
ÉTATS-UNIS D'AMÉRIQUE	140,355
Autres pays	25,000
TOTAL	12,436,495 kilos.

MARCHÉ DE CHALONS-SUR-MARNE.

N° 9.

Le Cours paraît tous les Samedis des mois de Mai, Juin et Juillet seulement.

Toute demande de souscription devra être accompagnée d'un mandat de cinq francs sur la poste.

On s'abonne à Châlons-sur-Marne,

Chez Mr B. DUPONT, rue Grande-Étape, 20.

Les réclamations et les changements d'adresse devront être affranchis.

COURS DU PRIX DES LAINES,

Du Samedi 30 *Juin* 1849.

La quantité de laine de toute sorte exposée au marché de ce jour, tant sur la place que dans les greniers environnants, a été de 100,000 kilos, qui s'est enlevée en partie aux prix suivants :

LAINE FINE (3,000 seulement)		Le kilo.	5f	30c	à	5f	50c	Avec don de 3 à 4 p. %.
LAINE ORDINAIRE		*idem.*	4	40	à	5	»	
LAINE COMMUNE		*idem.*	»	»	à	»	»	
SUINT	Mérinos.......valent	*idem.*	»	»	à	»	»	
	Métis de Brie	*idem.*	1	80	à	2	10	
AGNEAUX	Fins	*idem.*	»	»	à	4	40	
	Communs	*idem.*	»	»	à	4	10	

RÉCIT. — La journée du samedi ne suffit plus pour la tenue du marché aux laines; dès le vendredi matin, on accourt de tous côtés, les vendeurs, pour ranger bien vite leurs toisons et les présenter à la vente sous l'aspect le plus engageant, les acheteurs, pour examiner les lots à leur aise et pouvoir faire leur choix sans grande concurrence. Aussi, dès hier dans l'après-midi, plusieurs ventes ont eu lieu aux prix pratiqués samedi dernier et sans grand empressement de la part des fabricants; sauf quelques lots de laine blanche de Champagne, les autres venaient de Provins et environs. Ces laines de Brie avaient la mèche assez haute, ne manquaient ni de force ni de finesse, mais étaient d'un lourd effrayant, quoique la tonte se soit faite par le temps le plus favorable au lavage.

Ce matin, la vente s'est continuée avec lenteur et sous l'influence de l'humidité, en inclinant vers la baisse; à midi, plusieurs lots restent encore invendus.

Le peu d'empressement à faire de nombreux achats est attribuée au défaut de demandes en laine peignée. — Il y avait des acheteurs de Paris, d'Amiens, de Reims et d'Alsace.

Les prix des laines lavées à dos sont fixés de 45 à 50 p. % d'augmentation sur ceux de la tonte 1848. La foire si importante aux laines de Châteaudun (Eure-et-Loir), qui a lieu jeudi prochain, 4 juillet, achèvera de fixer ceux des suints.

Le gérant, B. DUPONT.

Châlons, imprimerie de T. Martin.

ANNONCES.

Un LOT DE LAINE COMMUNE, en bonne qualité, haute de mèche, blanche et propre au peigne, d'environ de 8 à 900 kilogrammes, au prix de 3 fr. 60 c., trois p. % de provision.

S'adresser, à Châlons, au gérant du Cours des Laines.

Quantité moyenne de Bonneterie en laine

exportée annuellement de France à l'Etranger.

BELGIQUE	3,000 kilos.
AUTRICHE	700
ALLEMAGNE	8,000
SUISSE	7,000
ÉTATS SARDES	7,500
TOSCANE et ÉTATS ROMAINS	600
ESPAGNE	14,500
TURQUIE et GRÈCE	16,000
EGYPTE	1,500
ALGER et ÉTATS BARBARESQUES	1,200
ÉTATS-UNIS D'AMÉRIQUE	10,000
COLONIES FRANÇAISES	1,000
Autres pays	1,200
TOTAL	72,495 kilos.

MARCHÉ DE CHALONS-SUR-MARNE.

N° 11.

Le Cours paraît tous les Samedis des mois de Mai, Juin et Juillet seulement.

Toute demande de souscription devra être accompagnée d'un mandat de cinq francs sur la poste.

COURS
DU
PRIX DES LAINES,

On s'abonne à Châlons-sur-Marne,

Chez Mr B. DUPONT, rue Grande-Etape, 20.

Les réclamations et les changements d'adresse devront être affranchis.

***Du Samedi* 14 *Juillet* 1849.**

La quantité de laine de toute sorte exposée au marché de ce jour, tant sur la place que dans les greniers environnants, a été de 65,000 kilos, qui s'est enlevée en partie aux prix suivants :

LAINE FINE, lavée à dos..................	Le kilo.	5f	»c	à 5f	20c	Avec don de 3 p. %.
LAINE ORDINAIRE, *idem*..................	*idem.*	4	40	à 4	80	
LAINE COMMUNE, *idem*..................	*idem.*	3	25	à 3	50	
LAINE D'AGNEAUX, *idem*..................	*idem.*	4	10	à 4	40	
Suints.						
LAINE DE MÈRES..................	*idem.*	1	80	à 2	20	
LAINE D'AGNEAUX..................	*idem.*	2	20	à 2	40	
Prix moyen des LAINES ORDINAIRES.....	*idem.*	4	60			

RÉCIT. — *Vendredi.* D'assez fortes quantités de laines, arrivées dans la matinée, faisaient espérer que le marché serait encore suffisamment pourvu. Aussi les acheteurs montraient-ils de l'insouciance dans le peu de transactions qui ont eu lieu. D'après les rapports sur les ravages de l'épidémie régnante, deux notables et très-estimables commerçants seraient devenus victimes de ses coups mortels, en faisant leurs achats pendant cette semaine. Ces sinistres étaient loin d'imprimer de l'activité aux affaires.

Samedi. Les acheteurs assez nombreux continuaient leurs opérations, sans paraître redouter la concurrence. Ce calme n'a produit aucune variation dans les prix. A une heure après-midi, plusieurs lots restaient encore à vendre.

Si des lots ont obtenu les prix de 5 à 5f 20c, c'est qu'ils étaient en très-petit nombre et d'une qualité et d'un conditionnement exceptionnels.

Les peignés et les filés, sans demandes dans la Champagne, soutiennent leurs prix à Paris.

Le gérant, B. DUPONT.

Châlons, imprimerie de T. Martin.

VALEUR APPROXIMATIVE

Des Laines employées annuellement dans les principales Filatures des départements suivants :

NOMS des DÉPARTEMENTS.	NOMBRE D'ÉTABLISSEMENS.	VALEUR de la MATIÈRE PREMIÈRE.	VALEUR de la MATIÈRE FABRIQUÉE.	NOMBRE D'OUVRIERS employés.
NORD	63	22,146,036 fr.	32,883,340 fr.	6,896
PAS-DE-CALAIS....	4	350,000	468,915	152
ARDENNES........	67	19,123,849	23,336,624	5,362
MOSELLE..........	1	60,000	66,600	18
BAS-RHIN.........	1	240,000	330,000	60
HAUT-RHIN........	1	848,000	1.000,000	160
DOUBS............	1	11,400	16,000	9
AISNE............	3	1,410,100	1,730,340	395
MARNE............	37	15,169,700	19,663,300	3,461
MEURTHE.........	3	182,300	648,970	172
AUBE.............	2	177,600	256,000	115
HAUTE-MARNE	1	95,625	148,750	26
YONNE............	1	240,000	272,000	44
COTE-D'OR........	13	231,475	367,150	151
HAUTE-SAONE.....	1	42,500	72,500	40
TOTAUX....	201	60,630,785	81,284,489	17,061

MARCHÉ DE CHALONS-SUR-MARNE.

N° 12.

Le Cours paraît tous les Samedis des mois de Mai, Juin et Juillet seulement.

Toute demande de souscription devra être accompagnée d'un mandat de cinq francs sur la poste.

COURS
DU
PRIX DES LAINES,

On s'abonne à Châlons-sur-Marne,

Chez Mr B. DUPONT, rue Grande-Etape, 20.

Les réclamations et les changements d'adresse devront être affranchis.

Du Samedi 21 *Juillet* 1849.

La quantité de laine de toute sorte exposée au marché de ce jour, tant sur la place que dans les gréniers environnants, a été de 55,000 kilos, qui s'est enlevée en partie aux prix suivants :

LAINE FINE, lavée à dos (Lots d'exception)..	Le kilo.	5f	»c	à	5f	20c	Avec don de 3 p. %.
LAINE ORDINAIRE, *idem*................	*idem.*	4	40	à	4	80	
LAINE COMMUNE, *idem*................	*idem.*	3	25	à	3	70	
LAINE D'AGNEAUX, *idem*...............	*idem.*	4	10	à	4	40	
Suints.							
LAINE DE MÈRES......................	*idem.*	1	80	à	2	20	
LAINE D'AGNEAUX....................	*idem.*	2	20	à	2	40	
Prix moyen des LAINES ORDINAIRES.....	*idem.*	4	60				

RÉCIT. — Les laines amenées, tant hier que ce matin, jointes à celles restées invendues samedi dernier, formaient un marché passablement fourni pour le moment. Les arrivages auraient pu être plus nombreux, puisque bien des fermiers possèdent encore leur récolte. Mais les marchands qui approvisionnent la place, intimidés par la marche rapide et la violence des attaques du choléra, n'ont pas voulu parcourir les campagnes envahies par ce fléau, et ont préféré rester dans leur domicile.

On a remarqué que les laines étaient d'une nature moins bonne que celles vendues antérieurement. — L'exécution de quelques ordres d'achats s'est faite sans donner aucune impulsion aux affaires, la seule variation qu'on puisse signaler est une tendance vers la baisse par suite de délaissement.

Les agneaux à dos étaient assez demandés au prix coté, mais sans faveur pour les détenteurs.

On peut dire qu'il n'y avait aucun empressement bien vif, ni chez les vendeurs, ni chez les acheteurs.

A une heure après midi, moitié des lots étaient restés sans preneurs.

Le gérant, B. DUPONT.

Châlons, imprimerie de T. Martin.

VALEUR APPROXIMATIVE

Des Laines peignées et filées annuellement dans le département du Nord seul.

PAR ARRONDISSEMENT.	NOMBRE D'ÉTABLISSEMENS.	VALEUR de la MATIÈRE PREMIÈRE.	VALEUR de la MATIÈRE FABRIQUÉE.	NOMBRE D'OUVRIERS employés.
LILLE............	107	35,861,350 fr.	56,591,990 fr.	12,876
HAZEBROUCK......	1	102,500	152,000	100
AVESNES.........	54	6,305,816	9,525,956	4,461
CAMBRAI..........	1	5,500,000	8,000,000	984
VALENCIENNES....	14	259,856	485,171	949
DOUAI...........	2	1,116,800	1,435,000	42
TOTAUX....	179	49,146,322	76,190,117	19,412

MARCHÉ DE CHALONS-SUR-MARNE.

No 13.

Le Cours paraît tous les Samedis des mois de Mai, Juin et Juillet seulement.

Toute demande de souscription devra être accompagnée d'un mandat de cinq francs sur la poste.

COURS

DU

PRIX DES LAINES,

On s'abonne à Châlons-sur-Marne,

Chez Mr B. DUPONT, rue Grande-Etape, 20.

Les réclamations et les changements d'adresse devront être affranchis.

Du Samedi 28 *Juillet* 1849.

La quantité de laine de toute sorte exposée au marché de ce jour, tant sur la place que dans les greniers environnants, a été de 40,000 kilos, qui s'est enlevée en partie aux prix suivants :

LAINE FINE, lavée à dos (Lots d'exception)..	Le kilo.	5f	»c	à 5f	30c	Avec don de 3 p. %.
LAINE ORDINAIRE, *idem*	*idem.*	4	30	à 4	70	
LAINE COMMUNE, *idem*	*idem.*	3	»	à 3	70	
LAINE D'AGNEAUX, *idem*	*idem.*	4	20	à 4	40	
Suints.						
LAINE DE MÈRES	*idem.*	1	70	à 2	10	
LAINE D'AGNEAUX......................	*idem.*	2	20	à 2	40	
Prix moyen des LAINES ORDINAIRES	*idem.*	4	50			

RÉCIT. — Malgré les occupations de la moisson et le temps pluvieux de cette semaine, les restants en magasin des marchés précédents, qui étaient d'un chiffre assez rond, ont encore été augmentés d'une quinzaine de voitures de laine.

L'humidité de cette dernière arrivée a fait rechercher de préférence celle qui était remisée antérieurement. Cependant l'une et l'autre ont en partie trouvé preneurs aux prix ci-dessus. La vente a été moins lourde que samedi dernier, sans amener de hausse.

Quelques beaux lots de choix, restés invendus depuis une quinzaine, ont été traités par des peigneurs à 5 fr. 30 cent.

Les agneaux continuent d'être recherchés sans ressentir de faveur dans les prix.

Le gérant, B. DUPONT.

Châlons, imprimerie de T. Martin.

QUANTITÉS DE LAINES

Entrées en France pendant le mois de Juin 1849, comparées avec celles des années précédentes pendant le même mois.

ANNÉES........	1849.	1848.	1847.
Entrées pendant le mois de juin...	970,500 kilos.	1,066,300 kilos.	869,600 kilos.

QUANTITÉS DE LAINES

Entrées pendant les six premiers mois de l'année 1849, comparées avec celles des six premiers mois des deux années précédentes.

CINQ PREMIERS MOIS DES ANNÉES..	1849.	1848.	1847.
	6,853,400 k.	3,409,500 k.	5,719,600 k.

TABLEAU COMPARATIF

Des Laines existantes dans les entrepôts de France au 1er Juillet 1849, avec les deux années précédentes à la même époque.

Années.....	**1849.**	**1848.**	**1847.**
MARSEILLE................	1,122,100 kilos.	2,445,200 kilos.	2,291,500 kilos.
BAYONNE....	140,200	»	115,100
BORDEAUX.	25,800	91,400	28,400
NANTES..................	4,100	19,500	1,900
ROUEN....................	111,700	488,000	58,200
LE HAVRE.............. ...	40,500	346,200	43,400
DUNKERQUE..............	61,400	26,700	17,200
PARIS....	76,700	217,400	86,100
LYON.....................	»	»	»
Autres entrepôts.............	515,200	575,000	497,500
TOTAL.....	2,097,700	4,209,400	3,139,300

AVIS. — MM. les abonnés sont prévenus qu'à partir de ce jour, le COURS DES LAINES portera le nom de *LA TOISON-D'OR*, et continuera de leur être adressé pendant le mois d'août, sans rétribution. En donnant au Cours des Laines un nouveau nom et plus d'extension, le Gérant se propose de le faire paraître tous les samedis de l'année, en commençant au mois de septembre prochain, si à cette époque il réunit un nombre suffisant de souscripteurs.

Les numéros qui paraîtront dans le mois d'août serviront de modèle.

www.ingramcontent.com/pod-product-compliance
Ingram Content Group UK Ltd.
Pitfield, Milton Keynes, MK11 3LW, UK
UKHW021036200726
13857UKWH00004B/1752

9 782011 924469